QUELQUES IDÉES

D'UN

GENTILHOMME CAMPAGNARD

SUR LES VIGNES ET LES VINS

QUELQUES IDÉES

D'UN

GENTILHOMME CAMPAGNARD

SUR LES VIGNES & LES VINS

PAR

M. DE BÉNAVILLE

NANCY

Typographie A. LEPAGE, Grande-Rue 1[illegible]

—

1867

AVANT-PROPOS

Je me suis décidé à écrire mes idées sur les vignes, avant de terminer mon petit ouvrage sur les bois, parce que mes observations sur tout ce qui regarde les vins pourront peut-être rendre plus de services à plus de monde, et surtout à plus de braves gens, dont quelques ares de vigne sont malheureusement souvent la seule ressource.

Quelques personnes paraissent s'étonner de ce que je ne conserve pas pour moi-même le bénéfice de mon travail et de mes observations : je suis parfaitement convaincu que, si j'avais fait, seul dans le canton, du vin beaucoup plus fort, beaucoup meilleur que tous les autres propriétaires, j'aurais pu le vendre, probablement, deux francs de plus par hectolitre; mais je suis gentilhomme, et si, en risquant, par an, quelques centaines de francs, voire même un millier de livres, que j'aurais pu peut-être gagner seul, je parviens, en divulgant mes petits secrets, à répandre l'aisance dans des milliers de famille, dont les vignes sont, comme je l'ai dit souvent, tout l'avenir, certes, je ne dois pas regretter, et je ne regretterai jamais de m'être livré à l'étude des ressources de la nature, si je puis ainsi être utile à tant de braves gens.

Je parlerai donc d'abord des raisons qui m'ont engagé à m'occuper sérieusement des vignes et des vins ; puis, je dirai quelques mots sur la culture de la vigne ; je continuerai par tâcher d'apprendre à ceux qui voudront bien me lire sérieusement, à faire du vin de pays aussi fort, et certainement meilleur, que tous les vins mélangés que l'on vend maintenant ; et je terminerai, en essayant de démontrer quelles sont les maladies les plus ordinaires des vins, et comment on peut facilement les éviter.

Mais, en terminant mon avant-propos, je ferai observer, comme je l'ai déjà fait dans mon petit ouvrage sur l'agriculture, que je ne prétends donner des conseils qu'aux vignerons lorrains, dont j'ai pu étudier consciencieusement le mode de culture, quoique j'aie déjà fait bien des centaines de lieues pour me rendre compte, autant que possible, des différentes manières de cultiver la vigne, tant en Bourgogne que dans le midi de la France, et même à l'étranger, pour essayer de juger par la comparaison s'il ne serait pas possible d'améliorer notre position vinicole.

QUELQUES IDÉES

D'UN

GENTILHOMME CAMPAGNARD

SUR LES VIGNES ET LES VINS

CHAPITRE I.

Bonum vinum lætificat cor hominum.

Pourquoi me suis-je décidé à m'occuper sérieusement de l'étude vinicole dans notre beau pays de Lorraine?

Si le blé venait à manquer, ce serait un grand malheur; mais, je suis sûr de ne pas être démenti par tous les habitants des cantons vignobles, en disant que si les pommes de terre et les vignes viennent à manquer, c'est assurément, pour les pauvres gens, un malheur plus grand encore. Avec une marmite de bonnes pommes de terre, et un verre ou deux de *picton*, la famille fait gaiement son repas, et le père et la mère vont bravement à l'ouvrage, et l'on travaille dur en Lorraine.

Mais pour travailler aussi fortement, il est de toute nécessité d'être soutenu, et même au besoin, d'être excité par un verre de vin.

J'ai déjà dit combien était généralement pénible la tâche de l'ouvrier qui travaille pour son compte; qui gagne une journée, continuellement surveillé par le propriétaire; ou ce qui est plus rude encore, le labeur des garçons de charrue dans les moments de moisson ou de fenaison. Donnez seulement de la soupe, quelques légumes, un peu de lard et du pain à des gens qui travaillent avec autant d'énergie, ils tomberont bien vite; le vin leur est absolument nécessaire pour pouvoir supporter ce travail forcé, et surtout le manque de sommeil qui en est trop souvent la conséquence. Le vin est donc indispensable aux ouvriers de la Lorraine; mais il est plus indispensable encore qu'il soit de bonne qualité; car les vins frelatés, en excitant trop vivement l'estomac, usent bien vite le tempérament d'un homme, et, au bout de quelques années, à la place de robustes campagnards, ne laissent plus que des vieillards précoces, tels qu'on en voit trop malheureusement de nos jours. Enfin, comme tout bon côté a toujours un revers de médaille, je dois dire que beaucoup de nos meilleurs ouvriers sont souvent disposés à dépenser le gain de la semaine dans les cabarets, non-seulement le dimanche, mais encore malheureusement le lundi. Si donc, dans ces deux jours où ils boivent immodérément, on ne leur vend pas une boisson complètement naturelle, comment voulez-vous que le corps d'un homme, quelque robuste qu'il puisse être, résiste longtemps à de pareilles épreuves.

Il est donc utile pour les ouvriers de notre pays, qu'ils puissent boire raisonnablement du vin naturel, quelque raide d'ailleurs qu'il soit ; mais il vaudrait encore cent fois mieux les en voir privés, que de les voir avaler ces vins frelatés, ces infernales drogues, que les apothicaires du bon vieux temps n'auraient pas même voulu recevoir dans leurs boutiques. C'est donc pour m'élever, tant que je pourrai, contre ces tristes abus de la spéculation, que j'écris ces quelques lignes, et que j'ai fait tous mes efforts pour me mettre à même de prouver qu'on peut se passer, en Lorraine, de ces mélanges sans nom, je devrais presque dire sans vin, qui se vendent aujourd'hui dans trop de lieux de consommation.

Je n'ai jamais espéré, dans tous mes essais, pouvoir parvenir à ôter aux vins de Lorraine leur dureté, l'âpreté qui, dans quelques communes, les relèguent, malheureusement, dans un rang bien inférieur; mais, je soutiens qu'on peut encore réussir à pallier ces défauts, de manière à rendre les vins supportables.

Je soutiens en outre qu'on peut très facilement donner à nos vins, la force qui leur manque partout, et la couleur qui leur fait défaut dans quelques vignobles; et enfin je dis que rien n'est plus facile que de donner, le plus impunément du monde, aux vins de Lorraine, le bouquet qui en releverait la saveur, toujours sans chercher d'autres ressources que celles que tout vigneron peut se procurer lui-même, soit dans sa vigne, soit dans son jardin.

Mais, comme avant de chercher la qualité du vin, il faut raisonnablement tâcher d'être à peu près sûr d'en récolter tous les ans, je vais donc, d'abord, parler de la taille de la vigne, que je crois être beaucoup trop uniforme en Lorraine.

CHAPITRE II

De la taille de la vigne.

Mon but n'est point, en écrivant ces quelques pages, d'apprendre aux braves gens de la campagne le mécanisme de la culture de la vigne ; beaucoup en savent autant que moi ; je dirai plus, je suis persuadé que quelques-uns en savent même plus que moi à ce sujet ; je ne me suis attaché qu'à chercher à combattre l'ennemi le plus terrible que je connaisse pour les vignobles, celui qui, dans quelques jours, détruit, sans laisser de ressources, l'espérance du travail de toute une année, la GELÉE enfin, puisqu'il faut l'appeler par son nom.

J'ai consulté mille fois les plus vieux vignerons, pour chercher à me rendre compte des caprices incroyables de la gelée sur les vignes : hélas ! aucun n'a pu me répondre de manière à me laisser l'espoir de pouvoir jamais comprendre pourquoi, dans des conditions de localité absolument pareilles, bien souvent étant voisins, et ayant donné les mêmes soins à la vigne, Pierre se trouvait entièrement sauf, et Paul se trouvait (en terme de vignerons) complètement râclé.

Je me suis creusé bien des fois la cervelle pour tâcher de comprendre pourquoi, dans certaines années, le haut d'une vigne est toujours gelé, et pourquoi, dans telles autres, c'est toujours le bas qui est pris et le haut sauvegardé, sans, bien entendu, qu'il y ait de prairies naturelles ou artificielles, ni de céréales d'automne qui aient pu attirer l'humidité sur un point plutôt que sur un autre.

Enfin, j'ai cherché fort souvent à me rendre compte, sans pouvoir, malheureusement, y parvenir, pourquoi des vignes, plantées dans une position exceptionnelle, abritées de l'ardaine, qui est le vent que nous redoutons le plus, recevant les premiers rayons du soleil levant, et dont le sol est le plus susceptible de se réchauffer facilement, gèlent-elles quelquefois plus volontiers et plus complètement que des vignes mal exposées, et d'un terrain froid et ingrat.

J'avoue que, jusqu'à présent, pour mon compte, dans bien des occasions, je n'ai pu rien comprendre à ce que je ne puis appeler que la fantaisie de la gelée. Certes, je sais aussi bien que tout autre, que plus les vignes sont exposées au vent, plus elles sont sauvées de l'humidité, et moins elles ont de risques à courir ; mais, il y a des cas de gelée tellement imprévus, et pour des vignes placées dans des conditions tellement exceptionnelles, que j'ai cru qu'il était au moins aussi raisonnable de chercher les causes de la gelée dans les émanations humides de la terre, que dans les brouillards dont on parle toujours, et qu'on ne voit jamais. C'est donc en cherchant à combattre cette humidité qui provient du sol, et qui, selon moi, est la principale cause de la gelée, que j'ai tâché d'obtenir de mes vignerons un taillage de la vigne qui me mette autant que possible à l'abri des accidents de la fin d'avril, ou du commencement de mai.

Pour les vignes placées sur des coteaux complètement exposés au vent, et dont le sol naturellement n'est pas très riche, je crois que le mode de taillage que l'on emploie généralement en Lorraine, est le plus rationnel. Deux ou trois brochettes, de deux ou trois yeux chacune, et le plus rapprochées possible de terre, usent moins les vignes, les rajeunissent autant que possible, et suffisent, dans les contrées où on est rarement gelé, pour assurer une bonne récolte. Car, entendons-nous bien, je ne prétends parler, dans tout ce que je vais dire, que des gelées partielles, c'est-à-dire accidentelles, et non des gelées générales, contre lesquelles, j'en ai la triste conviction, personne ne pourra jamais rien.

Mais pour les vignes moins bien défendues contre la gelée, et dont, généralement, le sol est plus riche, surtout dans les vignes de fonds, je crois qu'il est de toute nécessité de modifier le genre actuel de taillage, ainsi que je l'ai fait moi-même, et en voici les raisons.

Plus la vigne se trouve placée dans les fonds, plus généralement elle est vigoureuse, parce que le terrain est presque toujours plus fertile. Or, dans ces sortes de vignes, qui sont, comme disent les vignerons, des fontaines de vin, *quand elles ne gèlent pas*, vous voyez presque tous les propriétaires laisser au taillage cinq ou six brochettes de trois yeux chacune : j'en ai même rencontré plus d'une, où la grande majorité des ceps portaient jusque huit brochettes. Quel vin peut-on espérer d'une pareille culture de la vigne, surtout quand elle n'est pas parfaitement exposée ? D'ailleurs, comme il est prouvé que plus les boutons sont bas, plus la gelée les attaque facilement, parce qu'ils reçoivent naturellement plus d'humidité de la terre, que le vent ne peut pas dessécher, et que les premiers rayons du soleil les atteignent plus difficilement, il tombe sous le sens commun, que les dix-huit boutons des six brochettes sont tous autant l'un que l'autre susceptibles d'être atteints, et par conséquent n'offrent plus aucune ressource pour la vendange, quand, comme cela arrive huit fois sur dix, la gelée attaque principalement la partie inférieure des ceps.

Il me semble donc être prouvé pour tout homme intelligent, que la routine du taillage actuel, pour les vignes qui sont ce qu'on appelle vulgairement gélisses et qui poussent beaucoup de bois, est mauvaise, parce que, si elles ont le malheur d'être atteintes de la gelée au printemps, elles ne peuvent plus offrir aucune ressource, et que, si par bonheur elles échappent à la gelée, elles peuvent donner beaucoup de vin, c'est vrai, mais que ce vin ne sera jamais que de dernière qualité; si toutefois, au moment de la vendange, la pourriture ne vient point encore, surtout dans les années humides, absorber une bonne partie de la récolte, et par cela même, forcer de vendanger trop tôt.

Pourquoi donc ne pas essayer de faire usage d'un mode de taillage qui puisse fournir presque autant de raisins, qui les sauvegarde, presque toujours, de la gelée, et qui, en permettant au soleil et au vent de vivifier, d'assainir, de mûrir les fruits de la vigne, vous assure une récolte abondante, et surtout de bonne qualité, à la place de l'atroce piquette, que je vois récolter quelquefois.

Depuis vingt ans que je m'occupe sérieusement des vignes pour mon compte personnel, depuis vingt ans que je consulte les plus anciens vignerons, j'ai acquis la certitude que dans les vignes gélisses, une forte partie des boutons des pliants échappait deux fois sur trois à la gelée. Et pourquoi ? C'est tout simplement parce que le cep taillé en pliant a son bois beaucoup plus élevé de terre, que l'humidité du sol atteint naturellement ses boutons en moins grande abondance, que, pour peu qu'il fasse de vent d'ailleurs, il les dessèche beaucoup plus facilement, et qu'enfin les premiers rayons du soleil les atteignent beaucoup plus tôt, et les réchauffent beaucoup plus vite.

La preuve en a tellement été évidente, cette année, que dans des vignes de plants que l'on appelle mêlés, les grosses races taillées à l'ordinaire étaient complètement râclées, et que les petits noirs, les petits gris, les blancs meuniers, voire même les gros blancs, tous taillés en pliants, offraient une récolte satisfaisante, parce que tous les boutons supérieurs des ceps avaient été sauvegardés.

Pourquoi donc ne pas essayer de donner à la grosse race (qui forme maintenant l'immense majorité des vignes de notre pays) et surtout dans les terres assez fertiles pour pouvoir la supporter, une taille assez haute, pour être à peu près sûr, quoiqu'il arrive, d'avoir toujours quelques boutons intacts; et au lieu de quatre ou cinq brochettes de trois yeux, de n'en laisser à chaque cep que deux que l'on maintiendrait, autant que possible, à trente-cinq centimètres environ de hauteur, ce qui donnerait naturellement autant de raisins que la taille ordinaire, et offrirait tout l'avantage du pliant, en ayant soin toutefois de toujours laisser au bas du cep deux ou trois yeux de la brindille, que l'on appelle vulgairement rachet ou chiquot, pour pouvoir ainsi rajeunir le cep.

Qu'arrivera-t-il ? De deux choses l'une, ou il y aura généralement de la gelée, ou bien le printemps se montrera plus ou moins favorable à l'espoir des vignerons.

Si la gelée est générale, je ne crois point, comme je l'ai dit, qu'il y ait de palliatif possible ; si la gelée n'est que locale et accidentelle, le bas du cep dans les vignes gélisses sera probablement pris, mais il y aura au moins tout espoir que le haut du cep, que le vent aura pu dessécher, et que les rayons du soleil pourront atteindre plus facilement, se trouvera sauvegardé. Or, deux ou trois yeux d'épargnés sur chacune des deux brochettes peuvent donner une récolte raisonnable ; et si par bonheur le cep se trouvait complètement conservé, on n'aurait plus que l'embarras du choix sur trop de jeunes raisins, qui, si on les conservait tous, finiraient par compromettre la qualité de la récolte, puisqu'il est bien reconnu que huit beaux raisins sont la bonne moyenne pour nos vignes ordinaires.

Que doit faire alors le vigneron dans ces

trois hypothèses ? Si le premier espoir de sa récolte est perdu, il vaut mieux, selon moi, s'attacher à préparer des ressources pour la récolte suivante, que s'acharner à conserver des raisins d'avance aux trois quarts avortés, qui poussent sur les contre-yeux, et chercher toujours à rajeunir son cep.

En second lieu, si la gelée n'est que partielle, c'est ici que le propriétaire doit surveiller son chaoutrage, faire conserver avec soin les raisins qui lui restent des yeux supérieurs, et en même temps s'assurer que l'on nourrit le bois de la vigne, de manière à ce qu'elle ne doive pas souffrir de son taillage plus élevé.

Enfin, pour le troisième cas, si l'on n'a plus dans une vigne pour le chaoutrage, que le bonheur d'avoir l'embarras du choix, rien n'empêche, en conservant le nombre de raisins raisonnable, de chercher toujours à rajeunir le cep en bronchant les parties supérieures.

Je me suis servi dans tout ce que je viens d'écrire des termes vulgaires des vignerons, parce que je ne conseillerai jamais à aucun propriétaire de notre pays, qui ne pourrait les comprendre, de planter ou de conserver des vignes. Je dois leur déclarer ici, qu'il faut tant de surveillance pour ce genre de culture, qui donne néanmoins de beaux résultats, que s'ils ne sont pas capables de pouvoir diriger convenablement des vignerons, au lieu de quinze ou vingt pour cent qu'une vigne bien faite peut donner de bénéfice, ils pourraient bien trouver quinze ou vingt pour cent de déficit, faute de surveillance et de connaissances pratiques. La culture de la vigne en grand a les mêmes résultats que l'agriculture proprement dite ; presque toujours elle enrichit ou elle ruine ; il n'y a guère d'intermédiaire.

J'ajouterai encore, en terminant ce chapitre, que mes vignes sont placées sur deux petits coteaux au midi, dont le bas se trouve malheureusement gélisse ; que j'ai déjà fait préparer cet automne, dans mes moues, ce taillage dont je parle, et que je l'ai fait faire progressif, c'est-à-dire que j'ai fait laisser par le bas de mes vignes, pour les derniers boutons, environ trente-cinq centimètres de hauteur au-dessus de terre ; plus on remonte, plus je fais diminuer la taille, jusqu'à ce qu'enfin j'atteigne environ le milieu de la côte, où alors j'ai conservé l'ancien mode de taillage jusqu'en haut.

On m'a déjà demandé, bien des fois, ce

que je pensais du taillage d'automne, et de celui du printemps ; des cultures plus ou moins avancées, pour essayer de combattre la maudite gelée. Je crois que dans notre pays, plus on peut retarder la végétation de la vigne, plus l'on peut espérer raisonnablement d'échapper aux premières gelées qui l'attaquent, et que par conséquent plus les cultures sont faites de manière à donner aux rosées du printemps le moins d'abondance possible, naturellement plus elles ont de chances de succès, surtout quand on se méfie d'un éclairci du temps ; mais quand les gelées arrivent dans le mois de mai, je crois que les cultures, jeunes ou vieilles, les taillages plus ou moins retardés, n'y font malheureusement ni chaud ni froid.

Enfin, il y a quelques années que M. Trouillet est venu chercher à inaugurer en Lorraine un changement complet dans la culture de la vigne. Quelques personnes ont suivi ses idées ; quant à moi, voici ce que j'en pense : Le système Trouillet (en cas qu'il puisse réussir en Lorraine) a deux avantages, préserver les ceps de la gelée et supprimer les pesseaux : mais il a, selon moi, un inconvénient désastreux, c'est de faire descendre nos vins encore d'un degré au moins dans l'échelle commerciale.

Je ne crois pas qu'une vigne plantée et cultivée au système Trouillet puisse donner du vin supportable sans l'exposition du plein midi; une forte partie des raisins de ces vignes, à l'exposition de l'est ou du couchant, reçoivent bien peu de soleil, et le produit de ces vignes qui seraient plantées au nord, n'en recevrait, en partie, point du tout ; le taillage en boule, voire même en pyramide, avec des feuilles aussi larges que la vigne me semble antipathique avec sa maturité, et il faut forcément des feuilles à la vigne, comme à toute autre plante pour respirer l'air qui est de toute nécessité pour conserver la vie, et surtout arriver à la parfaite maturité du raisin. Je crois donc qu'en élevant la taille du cep, là où cela est nécessaire, on obtiendrait, sans risquer la qualité du vin, le même avantage pour la gelée que par le système Trouillet, qui ne peut faire, sauf années exceptionnelles, que du vin détestable. Reste donc les pesseaux ; mais puisque le chêne, grâce au besoin insatiable de jouir de nos jours, commence à nous faire défaut, pourquoi ne pas rechercher dans les forêts mêmes, les ressources négligées jusqu'à présent. Les branches du sapin des

Vosges n'étant pas écorcées, font d'excellents pesseaux et peuvent presque rivaliser avec ceux de chêne. Le fresillon, le saule fendu en font encore d'excellents, et enfin l'acacia, qui vient si vite et qui se propage si facilement, le cède à peine au chêne et au châtaignier pour la qualité de ses pesseaux. Pourquoi donc négliger de si belles ressources, qui, si elles étaient employées généralement, forceraient bientôt les fabricants de pesseaux de chêne, et surtout de pesseaux fabriqués comme c'est malheureusement la coutume maintenant, avec des bois écorcés, à se montrer plus raisonnables ; car je suis aussi marchand de bois, et si je comprends que l'on fasse payer à sa juste valeur une bonne fourniture, je n'ai jamais compris que l'on pût tromper son prochain, quand il ne peut plus apprécier la qualité de la marchandise.

CHAPITRE III

De la manière de faire le vin, et de son amélioration.

Il y a une dizaine d'années, M. Henrion-Barbezan lisait, à la Société centrale d'agriculture de Nancy, un mémoire sur la fabrication du vin, qui lui a valu l'estime et la sympathie de tous les véritables vignerons, mais, dont les bonnes indications n'ont malheureusement été mises en pratique, comme de coutume, que par trop peu de monde. Il y a longtemps, très longtemps même, que l'on fermait déjà les bouges, mais avec un seul couvercle. Mon père, il y a plus de trente ans, avait déjà abandonné cette méthode, et j'ai retrouvé, par hasard, d'anciens couvercles de bouges, qui sont d'une date bien autrement ancienne encore.

Pourquoi avait-on abandonné cette méthode primitive ? Je m'en suis rendu facilement compte, par quelques essais que j'ai voulu faire ; c'est parce que les marcs, dans un bouge couvert, comme dans tout autre, surnageant toujours au-dessus du vin, ne pouvaient donner à ce dernier, ni la couleur, ni la force d'alcool qui restent dans le marc lui-même ; de sorte qu'en soutirant, le vin pouvait être agréable, c'est possible, mais avait, naturellement, moins de couleur et se trouvait, en quelque sorte, moins chargé de tannin qu'avec la méthode actuelle de tasser les bouges pendant la fermentation et de rebroyer les marcs dans le vin avant de le tirer.

Cette partie de la méthode de M. Henrion était donc connue bien avant qu'il n'en parlât ; mais, où il a rendu un véritable service aux vignerons de notre pays, c'est en leur indiquant la possibilité de faire fermenter, au moyen de claies qu'il indique comme seconde couverture, les marcs au milieu du jus. En effet, les marcs, ne pouvant plus remonter, se trouvent bientôt couverts par le vin, grâce à la fermentation, et il faut, par conséquent, bon gré mal gré, qu'ils lui laissent, par la cuisson, la majeure partie de sa couleur et une partie de son alcool. J'ai apprécié, à la première lecture, tout ce qu'avait de bien et de bon le système de M. Barbezan ; je l'ai mis immédiatement en pratique sur une assez grande échelle, et je m'en suis si bien trouvé que j'ai même cherché autant que possible à le perfectionner.

D'après le système de M. Barbezan, la claie est en quelque sorte mobile, puisque, comme il le dit lui-même dans sa brochure, elle descend avec les marcs ; j'ai cherché, moi, à la rendre fixe, et lorsqu'on remplit mes bouges, après avoir, bien entendu, cylindré les raisins, j'ai soin que le jus dépasse d'un centimètre ou deux le niveau des taquets qui fixent les claies. Grâce aux barres qui les maintiennent et qui font, dans cette occasion, l'office de levier, mes claies forcent ainsi les marcs à se trouver recouverts d'un centimètre ou deux de vin, avant comme après la cuite. Ils sont donc toujours humectés, et au moyen d'un fort coulis de plâtre que j'ai soin de faire étendre sur la première couverte, et à l'eau où doit toujours tremper l'extrémité des siphons, et que l'on doit vérifier et changer chaque quinze jours, j'ai pu conserver impunément, pendant six semaines ou deux mois, mon vin dans mes bouges.

Mais je me suis bientôt aperçu que si M. Henrion avait fait faire un premier pas au vin de Lorraine, il y avait encore plusieurs degrés à monter avant d'arriver au véritable but; je me suis mis alors à l'œuvre du mieux qu'il m'a été possible, et j'espère pouvoir prouver que, si je n'y suis pas complètement arrivé, j'ai fait au moins tout ce qui m'était possible pour tirer les vins de nos vignobles du discrédit où ils sont tombés, et surtout pour les mettre à même de se passer de l'intermédiaire de la fabrication du mélange infernal que l'on décore trop souvent du nom de vins du Midi. Grand Dieu! si les principaux vignerons des environs de Narbonne, ou du Roussillon, étaient forcés d'avaler quelques gouttes de l'exécrable boisson que l'on met sous leur patronage, quelle triste figure ils seraient obligés de faire, avant de pouvoir venir à bout de la tâche qui leur serait imposée.

Et cependant, combien de milliers d'individus se trouvent forcés de l'absorber, dans les auberges ou dans les cabarets, voire même dans les maisons particulières.

Si le système des claies et des secondes

couvertes hermétiquement fermées a fait faire, comme je l'ai dit, un grand pas à nos vins de Lorraine, ils n'en restent pas moins dans une triste infériorité vis-à-vis de la plupart des autres vins de France ; car, il leur manquera encore la force, le velouté, le bouquet qui sont des qualités indispensables pour faire ce que l'on appelle du bon vin. On conseille maintenant de tous côtés, depuis quelque temps, de donner à nos vins de la force au moyen du *trois-six de betterave*, et je lisais dernièrement, dans un des journaux les plus répandus, qu'il fallait bien se garder d'adoucir les vins de cette année avec du sucre indigène, parce qu'il pourrait laisser un goût d'alcool désagréable, mais qu'on devait se servir de l'alcool pur, pour arriver à fortifier les vins. En lisant cet article, j'admirais de plus en plus la force de raisonnement des agronomes de cabinet, et je pensais, malgré moi, à l'antique Gribouille qui, dans la crainte d'être mouillé par quelques gouttes d'eau dont le menaçait un orage, s'était bravement plongé dans la rivière, afin de les éviter.

J'ai essayé, il y a près de huit ans, d'employer l'alcool pour fortifier des vins dont je n'étais pas sûr, et comme je pensais que les pharmaciens, qui sont chargés de fournir les médicaments qui doivent, soi-disant, guérir le monde, devaient employer tout ce qu'il y a de plus pur et de plus naturel, j'avais prié un de ces Messieurs de vouloir bien me céder quelques litres d'alcool. Hélas! c'était tout simplement du trois-six de betterave, scientifiquement perfectionné, et qui, mélangé avec mon pauvre vin, lui donnait un goût qui sentait par trop fort la chimie. J'ai pourtant été obligé de traverser mon vin six fois et de mécher extrêmement fort à chaque traversage, pour lui faire perdre ce goût abominable, qui me faisait donner au diable, de si bon cœur, et la science et ses produits, au moins pour les vins.

Dégoûté à tout jamais de l'alcool, je n'ai pas voulu pourtant me tenir pour battu; j'ai employé alors tout simplement notre pauvre eau-de-vie de marcs, dont on dit tant de mal (puisqu'on ne peut plus s'en procurer de l'autre naturelle), et je m'en suis bien trouvé; il est vrai que pour faire faire mon eau-de-vie, j'ai soin de prendre plus de précautions qu'on ne le fait généralement, et j'indiquerai à la fin de ces quelques pages de quelle manière je parviens à me procurer de la bonne marchandise.

L'heureux résultat que j'ai obtenu en raffermissant mes vins avec de l'eau-de-vie de pays, de première qualité, m'a suggéré un beau jour cette idée, qui fera faire, je l'espère, un grand pas vers l'amélioration des vins de notre pays; c'est que j'avais beau faire bouillir les marcs dans le vin, ils emportaient encore, néanmoins, une grande partie de sa force, puisque par la distillation, un bouge de cent mesures me fournissait de quarante à quatre-vingts litres d'eau-de-vie, suivant la force du vin. Pourquoi, me suis-je dit, ne pas lui rendre, au moins en grande partie, surtout dans les années médiocres, cette force, cet alcool qui lui appartiennent, et que, bien malgré moi, je lui enlève? J'en ai fait l'essai, cette année, sur plus de deux cents hectolitres, et ce que j'avais prévu est complètement arrivé ; comme j'ai fait jeter l'eau-de-vie dans mes bouges au moment de la vendange, l'eau-de-vie, qui est de même nature que le raisin, et qui, par la cuisson générale, a nécessairement perdu son goût d'empyreume, s'est admirablement mélangée avec le vin, lui a communiqué nécessairement sa force et une sorte de douceur, et a fait de mes vins de 1866, qui, certes, n'auront pas généralement, et à bon droit, beaucoup de réputation, un vin fort présentable, et que je ne craindrai pas de montrer à toutes les personnes sérieuses, qui voudraient se rendre compte de mes essais.

Il est difficile de faire sortir les gens de la campagne de leur routine avec de bonnes raisons, sans que l'expérience leur prouve l'évidence des faits, et encore cherchent-ils toutes les portes de derrière pour tâcher de ne pas être obligés de modifier ce qu'ils ont vu faire toute leur vie, fût-ce même pour leurs plus grands intérêts.

Les uns me disent, mais vous sacrifiez la vente de vos marcs; d'autres me répètent, mais vous ne comptez pas ce que vous coûte la fabrication de votre eau-de-vie; ils ne veulent pas comprendre qu'on peut bien sacrifier un œuf pour avoir un bœuf, et que si je hasarde cinq sous par mesure pour gagner deux francs, je fais une bonne opération: et tout bien calculé, je ne les sacrifie pas; car l'eau-de-vie que j'ai mise dans les bonges, tout en fortifiant le vin, donne nécessairement aussi plus d'alcool aux marcs, qui me rendent alors à l'alambic plus d'eau blanche, et par conséquent, plus d'eau-de-vie au rafin ; je retrouve donc ainsi une partie de ma marchandise ; d'un autre côté, en cuisant mes marcs, j'ai l'avantage de pouvoir faire faire des mottes qui m'épargnent les deux tiers du bois, et dont le feu très régulier m'assure une meilleure eau-de-vie. Ma plus grande dépense est donc simplement en main d'œuvre, et chacun sait ce que peut coûter la façon d'un hectolitre d'eau-de-vie, surtout quand on est bien outillé.

Bien certainement, cette manière de fabriquer mon vin ne me coûte pas plus de trois sous par mesure, en calculant que je vende mes marcs à raison d'un franc vingt-cinq centimes le virlis, qui est le prix élevé que donnent les distillateurs. On voit, au bout du compte, que ma méthode ne coûte pas trop cher pour doubler la qualité du vin.

Il me reste donc, maintenant, à parler, pour terminer ce chapitre, de la couleur et du bouquet.

L'apparition, en Lorraine, des vins du Midi, a forcé en quelque sorte les vignerons à chercher tous les moyens possibles pour colorer le vin, afin de lutter contre la spéculation, dont l'intérêt est de prôner, dans toutes les auberges et dans tous les cabarets, les vins les plus forts, et surtout les plus colorés. Quelques habitants de la campagne se sont servis alors, pour forcer la couleur, de toutes les graines noires que l'on peut récolter dans les champs, comme dans les bois, sans trop s'inquiéter si elles sont dangereuses ou non pour la santé. D'autres se sont contentés d'employer les graines de sureau, qui sont infiniment plus inoffensives; il y en a, enfin, qui ont fait revenir, à grands frais, les brimbelles de la montagne, tandis que, comme c'est malheureusement toujours l'habitude, le plus petit nombre recourait à la vigne elle-même, pour trouver un remède efficace au défaut de couleur du vin, en plantant quelques pieds de tindevin, et surtout de celui que l'on appelle généralement le cœur de bœuf.

Certes, le tindevin pur fournirait un vin aussi noir que de l'encre, mais plat et amer, et qui, par conséquent, ne serait pas très agréable à boire; mais employé en petite quantité dans les bouges, fortifié par l'eau-de-vie, mélangé par la cuisson avec le reste du vin, je défie tous les gourmets de reconnaître sa présence, quand on ne s'en est servi que pour donner à tout le vin une couleur raisonnable.

Pourquoi donc chaque propriétaire n'aurait-il pas un petit coin de tindevins dans ses vignes pour colorer son vin, plutôt que de recourir aux drogues, voire même au poison. Quelques particuliers font même cuire le tindevin et le mélangent dans les foudres au moment du soutirage ; je préfère de beaucoup, pour mon compte, le faire jeter dans les bouges avec la vendange, parce qu'encore une fois, il est forcé de se mélanger infiniment mieux, à cause de la cuisson, et ne donne ainsi aucune amertume.

. Enfin, pour donner à nos vins le bouquet qui leur manque, nombre d'individus prônent, pour s'en être servis, la racine d'*iris* ; elle donne, disent-ils, un bouquet se rapprochant beaucoup de celui du Bordeaux ; je doute qu'on puisse tromper ainsi un dégustateur médiocre ; à plus forte raison, n'y prendra-t-on jamais un véritable connaisseur.

J'ai le bonheur de récolter du vin qui peut se passer de toute espèce de mélange pour être agréable à boire ; mais si j'avais été forcé de lui donner une saveur artificielle, je n'aurais certes eu recours qu'aux produits de mon jardin, ou mieux encore, comme c'est toujours mon système, aux ressources mêmes de la vigne : et je suis certain qu'un peu de jus de framboises, ou qu'un peu d'eau distillée de violettes, peut donner à des vins un peu trop plats un goût fort agréable, et qui, certes, ne peut faire de tort à personne. Mais pour moi, si j'y étais obligé, je tâcherais de faire ramasser en été la fleur de la vigne, je la ferais doucement sécher et avec le plus grand soin, et au soutirage, dans le moment où il se forme encore une sorte de seconde cuite dans les foudres, j'envelopperais bien précieusement ma fleur dans de la gaze, ou de la toile la plus mince possible, j'en ferais de petits paquets que j'introduirais par la bonde, et je les laisserais infuser ainsi pendant une quinzaine de jours, en ayant soin d'augmenter le nombre de mes paquets selon la contenance de mes foudres. J'ai essayé ce que je viens de dire, sur une petite échelle, puisque je n'avais d'autre but que de me rendre compte de l'effet que la fleur du raisin pouvait produire, et j'ai été tellement satisfait du résultat, que je ne crains pas de conseiller ce procédé à tous les propriétaires dont les vins n'auraient pas assez de bouquet.

On a dû voir, dans tout ce que je viens d'écrire, que je me suis élevé tant que j'ai pu contre la spéculation effrénée ; mais mon but n'est certes pas d'attaquer tous les négociants honorables, qui ne cherchent, dans le commerce, qu'un gain légitime, qui rendent de très grands services à tout le monde en servant d'intermédiaires presque indispensables entre le producteur et le consommateur, et qui, comme M. Barbezan, mettent leur intelligence et leur initiative au service de tout un pays, pour le faire profiter des fruits de leur expérience ; de tels hommes ne sauraient être trop estimés en Lorraine, puisque leur première pensée est de faire du bien.

J'ai fait acheter aussi à Narbonne, il y a quelques années, des vins pour les mélanger, dans mes bouges, avec ma vendange, dont j'ai eu lieu d'être satisfait comme amateur, mais dont je n'ai pas parlé plus haut, parce que le bénéfice pécuniaire que j'en ai obtenu, a été à peu près nul, mais enfin j'ai été bien servi ; j'ai encore affaire tous les jours à de braves débitants qui ne craignent pas de mettre un prix raisonnable pour choisir leurs achats, et pour être sûrs de servir convenablement leurs pratiques, et qui préfèrent un gain honorable et certain à des recettes qui seraient peut-être momentanément plus considérables, mais qui pourraient bien ne pas durer toujours.

Ce que j'attaque, ce sont ces mélanges sans nom, ces vins sans raisin, que la rapacité de quelques spéculateurs tâche de faire écouler dans un commerce, je ne dirai pas seulement déloyal, je dirai plus, funeste, puisqu'encore une fois, il attaque la santé et même l'intelligence de ceux qui sont, en quelque sorte, forcés de passer par leurs mains.

Si vous avez une pièce de vin absinthé, tourné, gâté, vous avez, en quelque sorte, plus de facilité de vous en défaire (à bas prix, il est vrai), que des meilleurs vins du pays ; si c'était pour faire du vinaigre ou pour la distillation, certes, personne n'aurait rien à dire ; mais, les trois quarts et demi du temps, ces vins, que les propriétaires rebutent, sont mélangés avec des soi-disant produits du Midi et du trois-six de betterave, quelquefois un peu de vin nouveau de pays, et voilà la boisson que certains spéculateurs, contre lesquels je m'élève, fournissent à trop de ces débits, où l'ouvrier devrait, en le payant fort cher, trouver au moins un verre de bon vin.

CHAPITRE IV.

Des maladies du vin, et de sa conservation.

Mon intention n'est pas de parler ici de toutes les maladies qui peuvent attaquer nos caves; je m'attacherai seulement aux quatre principales. Comme les trois premières sont, selon moi, à peu près incurables, j'indiquerai seulement les causes qui les occasionnent, et la manière de s'en préserver; quant au goût d'absinthe, comme c'est malheureusement la maladie la plus répandue, et généralement la moins méritée par nos vignerons, j'étendrai davantage mes conseils, pour les aider à s'en préserver, et même pour la guérir.

Les quatre maladies principales des vins dans notre pays sont : le goût de bois, de moisi, de vinaigre, et enfin, comme je l'ai dit, le goût d'absinthe. Les deux premières viennent généralement de la faute des futailles; la troisième, du manque de soin dans la fabrication; la quatrième, la plus répandue enfin, provient d'abord d'une fabrication trop négligée des vins, de la mauvaise exposition des caves, et enfin de diverses causes accidentelles que je développerai plus loin.

Règle générale, si vous voulez faire du bon vin, surtout du vin de garde, soignez vos bouges, soignez vos caves, et surtout soignez vos futailles. Le vin hait la malpropreté, et le plus grand tort que puisse se faire un propriétaire, c'est de confier sa cave à des étrangers, quand il peut s'en occuper lui-même. Je donnerai toujours le conseil d'arracher ses vignes à quiconque ne voudra pas s'occuper sérieusement et de son vin et de ses caves.

Les maladies du vin connues généralement sous le nom de goût de bois et de moisi, proviennent, comme je l'ai dit, du mauvais état des tonneaux, et, pour la première de ces maladies, quelquefois des vins vieux que l'on a mis dans des foudres neufs, dont le bois n'aurait pas été préalablement déchêné.

Les anciens vignerons ont presque toujours soin de choisir le bois qui doit faire leurs futailles, afin d'éviter tous les inconvénients qui proviennent d'une mauvaise fourniture, telle que bois blanc, bois trop vert, bois poreux qui se travaille plus facilement, mais qui suinte toujours, etc., etc., et surtout afin d'être sûrs que le merrain a été ce que l'on appelle déchêné, c'est-à-dire qu'il a passé dans l'eau un laps de temps assez considérable pour y avoir déposé cette arrière-sève noirâtre, qu'il laisserait forcément, en grande partie au moins, dans le vin, si on n'avait pas le soin de la lui faire perdre d'abord dans l'eau.

Les vieux praticiens ne risqueront jamais non plus de mettre, pour commencer, du vin vieux dans leurs futailles neuves ; ils ont grand soin aussi, lorsque les foudres sont trop secs et n'ont pas servi depuis longtemps, de ne jamais leur confier des vins un peu délicats, sans les avoir remis préalablement ce que l'on appelle à vin, à force de chaudements aromatiques, et surtout, pour terminer, avec un bon chaudement de lie de vin qu'ils sont sûrs de n'avoir aucun mauvais goût.

C'est le manque de toutes ces précautions

qui donne presque toujours au vin ce que l'on appelle vulgairement un goût de bois.

Ce genre de maladie, je crois, est incurable; mais on peut s'en préserver très facilement, comme je l'ai dit, avec un peu de précaution.

Quant au goût de moisi, il provient généralement des foudres placés dans des caves un peu humides, dont on ne s'est pas servi depuis quelque temps, et que l'on a négligé de mécher convenablement. Après la mort de mon beau-père, je me suis trouvé tout d'un coup à la tête de plus de trois mille mesures de futailles qui se trouvaient dans un piteux état. Pendant sa triste maladie, qui a duré presque un an, il avait bien été forcé de confier le soin de ses caves à un tonnelier qui ne brillait pas par l'intelligence, et qui ne méchait jamais les foudres ; il avait grand soin de passer ses journées à balayer ses allées, mais le fait est que les futailles étaient moisies à blanc, et qu'il a fallu un rude travail pour les remettre en bon état. J'ai d'abord fait nettoyer le mieux possible l'intérieur de mes foudres, puis j'ai essayé de les faire récurer au vitriol, mais le bois était tellement imprégné que cela n'a rien fait, et je me suis [illegible] la chaux vive, et c'est, je vous assure, amis lecteurs, une rude besogne. C'est donc pour vous épargner, si je puis, tous les ennuis que j'ai eus dans ce temps-là, que je vous ai raconté ce qui m'est arrivé, et comment j'ai fini par m'en tirer.

S'il y a quelque temps que vous ne vous êtes pas servi de vos foudres, ne craignez pas de vous donner la peine d'ouvrir une portière, pour regarder avec une lumière si votre futaille n'a pas blanchi. Si vous aviez le malheur de confier à un tonneau, qui serait venu à moisir, votre vin et surtout votre vin vieux, vous pouvez être sûr qu'il serait inévitablement perdu, car je ne crois pas non plus qu'il y ait de remède pour ce genre de maladie.

Ayez donc soin de faire mécher régulièrement vos foudres, surtout dans les caves humides, si vous voulez compter sur eux, quand vous voudrez vous en servir ; c'est le véritable moyen d'avoir toujours des futailles en bon état, et d'éviter tous les accidents.

La troisième maladie, la plus commune de nos vins, est ce que l'on appelle vulgairement le goût de piqué, ou de vinaigre. Ces accidents arrivent presque toujours par la faute de ceux qui n'ont pas la plus grande attention des bouges en les soignant à la manière ordinaire. Si l'on n'a pas le soin d'unir parfaitement les marcs dans des bougeries un peu chaudes, et de leur donner continuellement par le triplage l'humidité indispensable, on risque beaucoup de voir gâter, faute de précautions, un bouge tout entier ; et notez bien que ce n'est pas seulement dans les années de meilleur vin que cette maladie se déclare ; j'ai vu des marcs s'échauffer aussi facilement dans les plus mauvaises années que dans les meilleures. Le système des couvertes pour les bouges, et des portières pour les foudres, supprime complètement ces accidents ; mais comme tout le monde ne peut ou ne veut pas l'employer, voici le seul moyen *à peu près* efficace que j'ai jamais vu réussir pour le vin vinaigré : c'est, en le traversant, de le faire battre dans l'entonnoir le plus vigoureusement possible avec un balai que l'on trempe souvent dans l'eau. Les mauvaises caves, les celliers par trop chauds, développent généralement le goût de vinaigre, dont le germe provient néanmoins presque toujours, comme je l'ai dit, du peu de soin que l'on a eu de la vendange dans les bouges ; et cette maladie est d'autant plus fâcheuse, qu'elle donne au vin un goût que nombre de personnes ne peuvent pas supporter, et qu'on ne peut pas même s'en servir pour l'eau-de-vie ; car chacun sait qu'il en fournit tellement peu à l'alambic, qu'il rapporte à peine pour les frais de la cuite.

Les marcs échauffés ont d'ailleurs le même inconvénient.

Nous arrivons enfin à la grande plaie des vins de Lorraine, à cette maladie qui cause des pertes trop sensibles aux pauvres vignerons, et qui quelquefois n'est pas méritée. Je ne crois pas être démenti quand je dirai qu'il y a bien des villages où le goût d'absinthe emporte plus d'un quart du bénéfice de la récolte. Cette triste maladie provient presque toujours de la mauvaise qualité des caves ou du manque de soin du propriétaire ; mais au moins, il y a pour elle un remède certain. Faites recuire le vin, soit naturellement, en repassant les vins absinthés sur les marcs, au moment de la vendange, soit artificiellement, pendant tout le cours de l'année, et vous serez sûr de guérir votre vin, le goût d'absinthe ne résistant jamais à la fermentation. Beaucoup de personnes essayent nombre de remèdes plus ou moins efficaces, dont j'entends parler tous les jours, depuis le secret des bonnes femmes, jusqu'au lait cuit, écrémé et mélangé de blanc d'œuf. Une grande partie de ces remèdes que chacun vante, me semblent tout simplement des collages plus ou moins énergiques, qui peuvent atténuer le mal, mais qui, selon moi, ne doivent pas le guérir. Il est évident qu'en collant fortement un vin qui commence à tourner, on lui donnera un goût beaucoup moins désagréable ; mais pour bien le guérir, il ne s'agit pas seulement de lui ôter une partie du mauvais goût, il faut pouvoir lui rendre toute sa force et tout l'agrément de l'arôme qu'il avait auparavant, et je ne crois pas qu'on y parvienne jamais sans la fermentation. J'ai déjà guéri, pour mon propre compte, plus de deux cent cinquante hectolitres de marchandise absinthée, qui provenait des vins que je fabriquais à l'ancien système. Depuis six ou huit ans que je les fait refermenter, ils se sont conservés aussi purs et aussi limpides que les meilleurs vins que je puisse avoir ; mais, comme je l'ai déjà dit, depuis que je me suis servi de doubles couvertes pour mes bouges, je ne sais plus ce que c'est qu'un verre de vin absinthé dans mes caves.

Ce qui produit le plus souvent en [illegible]

le goût d'absinthe (je parlerai plus loin des causes exceptionnelles qui le donnent), c'est le trop de moelleux et le manque d'alcool de nos vins, et surtout lorsqu'ils sont déposés dans des caves exposées au midi, et qui n'ont pas la profondeur voulue ; un simple courant d'air chaud suffit aussi pour faire absinther un foudre ; mais encore une fois, le remède en est fort simple, puisqu'il ne s'agit que de faire refermenter le vin, et dans ces occasions-là, je donnerai toujours l'avis de le fortifier avec un peu d'eau-de-vie de marcs ou de vin.

Le système, employé généralement en Lorraine, du triplage des bouges, est presque toujours la cause de cette maladie : car, pendant la cuisson, la force du vin a le temps de s'évaporer, tandis qu'avec le système que j'emploie, il faut, bon gré mal gré, que le vin conserve toute sa force ; et, avant même d'avoir recours à l'eau-de-vie pour le raffermir encore, je n'avais plus remarqué dans mes caves, en employant simplement le système des doubles couvertes, depuis nombre d'années, une seule mesure de vin gâté ; mais j'ai soin de mélanger dans les bonnes années un peu de vin de pressoir ; tandis que, pendant que je suivais l'ancien système, tous les ans que Dieu fasse, je me trouvais dans la triste nécessité de guérir quelques-uns de mes foudres, et chacun sait que pour faire donner au diable les braves gens, c'est presque toujours le meilleur vin qui s'absinthe.

Après les mauvaises caves, le manque de propreté près du vin est une des causes principales de cette maladie. Le vin ne peut et ne veut supporter aucun mauvais goût autour de lui ; et nombre de bonnes gens de la campagne, et surtout de bonnes femmes, sont enragés (passez-moi l'expression) pour faire de leur cave un vrai Capharnaüm.

Le vin de Lorraine, tout Français qu'il puisse être, est fort peu galant de son naturel, il exclut de chez lui, tant qu'il peut, le beau sexe. Cependant il tolère encore plus volontiers la brune que la blonde ; mais il se fâche tellement quand certaines rousses viennent lui rendre visite, que sa colère finit quelquefois par le faire tourner.

Il serait donc à désirer, pour bien des maris, dans la campagne, que les femmes qui aiment, un peu trop souvent, à se mêler de tout ce qui ne devrait pas les regarder, laissassent au moins les culottes diriger les caves, puisqu'elles s'entendent si bien avec le vin, qui très souvent ne veut pas supporter les jupons.

Il serait aussi de toute nécessité, que les bonnes ménagères ne fissent pas de leurs caves une laiterie, le goût aigre de la fermentation du lait étant capable de faire tourner tous les vins du pays.

Une compagnie que le vin voit aussi avec beaucoup de déplaisir, et qu'on le force d'accepter trop souvent dans les villages, c'est celle des compagnons de saint Antoine, qui souvent ne sont séparés de la cave que par une simple cloison. Or, si ces estimables animaux sont d'une utilité incontestable après leur mort, ils ne sentent ma foi pas bon pendant leur vie, et encore une fois, le vin est un petit maitre, qu'on peut appeler MONSIEUR PROPRET et qui a une antipathie la plus complète pour un voisinage de ce genre.

D'ailleurs enfin, pour les pauvres diables eux-mêmes qui habitent les réduits, le grand air leur vaudrait infiniment mieux, quand cela ne serait que pour leur épargner une foule de maladies qui ne manquent jamais de les attaquer, quand ils sont trop mal logés.

Quant à rentrer des légumes dans les caves où se trouve [illegible] il vaudrait mieux pouvoir s'en dispenser, parce qu'ils procurent une fermentation qui ne peut qu'être nuisible ; mais cependant comme les pauvres gens n'ont, trop souvent, qu'un seul endroit pour rentrer toutes leurs récoltes, il faut bien qu'ils les logent où ils peuvent, puisqu'elles leur sont presque aussi indispensables l'une que l'autre ; et, comme les légumes ne se rentrent généralement qu'au milieu de l'automne, époque où l'on n'a plus à redouter la chaleur, je crois pouvoir leur indiquer la méthode la plus sûre pour qu'ils puissent utiliser leurs caves sans risquer leur vin, c'est de le débarasser de tout ce qui pourrait lui être nuisible dans les futailles, c'est-à-dire en le traversant, surtout pour la première année, au printemps et en automne.

Si votre vin est complètement propre, que pouvez-vous risquer ? Alors un accident pourra bien le secouer momentanément, mais, s'il n'y a plus de lies qui puissent se mélanger en le troublant, il s'éclaircira forcément bien vite ; si, au contraire, vous lui laissez, en cas d'accident quelconque, tous les éléments qui peuvent lui faire du tort, il n'est pas étonnant qu'il vienne à se gâter. La propreté pour le vin, comme la propreté chez l'homme, encore une fois, comme je l'ai déjà dit, est le gage le plus assuré de la santé.

Certaines personnes craignent, qu'en traversant le vin, on ne l'affaiblisse : il est certes bien facile de lui rendre plus de force qu'on ne lui en aurait ôté, en méchant les fûts qu'on veut employer au traversage avec un peu d'eau-de-vie, qu'on aura fait brûler, en place de mèche, en y trempant un linge au bout d'un fil de fer, que l'on allume, et et que l'on bondonne comme à l'ordinaire.

CHAPITRE V.

De la fabrication de l'eau-de-vie.

Puisque j'ai parlé, dans presque chaque page de cette petite brochure, de l'influence de l'eau-de-vie sur la manière de faire du vin, il faut cependant que je vous dise, amis lecteurs, ce que je pense de la fabrication la meilleure, la plus simple et la plus économique possible, dans les campagnes, pour l'eau-de vie de marcs, de lies, ou de vin, car, pour les trois-six de betterave, pour n'avoir jamais rien à me reprocher devant Dieu et devant les hommes, vous pouvez être sûrs que je ne m'en mêlerai jamais.

Il y a, en outre, l'eau-de-vie de fruits, que l'on tire de la mirabelle, de la kouetche, etc.,

etc., dont je ne parlerai pas davantage, car elle provient d'un fruit complètement étranger à la vigne, et par conséquent je prétends aussi qu'on ne doit jamais la mélanger avec le vin.

On ne fait presque toujours, dans nos campagnes, que deux sortes d'eau-de-vie, de la bonne, ou de la mauvaise. Celle qui provient des marcs ou du vin confié à des alambics roulants à tant le litre, ne produit généralement que de la triste marchandise; il serait difficile qu'il en fût autrement. On veut obtenir jusque cinq cuites par jour, ce qui force celui qui les dirige à les accélérer le plus possible, et en même temps à ne pas pouvoir convenablement les surveiller, car, il faut de toute nécessité qu'un homme dorme, et si on ne lui accorde pas pendant la nuit cinq ou six heures de sommeil, qui sont indispensables à l'humanité, il faut forcément qu'il les prenne dans l'intervalle des cuites, qui vont alors vite comme je le pousse, puisqu'il est obligé de bourrer du bois sous l'alambic, pour se procurer, entre chaque cuite, une heure ou deux de repos.

La conséquence de cette manière d'agir est facile à concevoir: l'alambic, chauffé outre-mesure, jette, la première heure, trois fois plus qu'il ne devrait faire ; puis quand le brandevinier se réveille, quelquefois il ne jette plus du tout ; il faut récupérer le temps perdu, réchauffer une seconde fois l'alambic à toute vapeur et n'obtenir ainsi qu'un triste produit, que l'on décore du nom d'eau blanche.

Pour tous ceux qui se contentent, comme moi, de trois cuites de marcs dans une journée, comme le brandevinier a pu prendre de six à sept heures de repos pendant la nuit, toute la journée, on peut être sûr qu'il pourra surveiller sa cuisson, que l'eau blanche sortira de l'alambic aussi régulièrement qu'un papier de musique ; que si on cuit des lies ou du vin, il n'arrivera jamais de ces bouillonnements, dont un seul suffit pour gâter toute l'eau blanche, et qu'enfin, cette première préparation de l'eau-de-vie ayant été conduite avec soin, facilitera dans le rafin l'absence de ce goût d'empyreume, qui est la grande plaie de l'eau-de-vie de pays.

Puisque je viens de parler du rafin, il vaudrait mieux, généralement, qu'il pût se faire au bain-marie que dans une chaudière ordinaire ; mais encore une fois, tous

....

les braves gens de campagne, pour qui j'écris, ne peuvent pas avoir un matériel complet de distillation, et moi-même, qui vous parle, je n'ai qu'un alambic ordinaire, et cependant on veut bien prétendre que je fais faire de la bonne eau-de-vie ; rien n'est plus facile et rien n'est plus simple, d'ailleurs, pour tous ceux qui en doutent, de venir la goûter.

Que faut-il donc pour faire un bon rafin? Deux choses : d'abord, la plus minutieuse propreté en récurant son alambic et son serpentin ; et ensuite le plus grand soin, comme je viens de le dire, pour la cuite de l'eau blanche, de manière que l'eau-de-vie ne sorte qu'avec une régularité mathématique, tout en ayant soin de rafraîchir convenablement le serpentin.

Je préfère de beaucoup ne faire à la maison qu'un seul rafin par jour, et obtenir ainsi de la bonne marchandise, que d'aller le double plus vite, et de n'avoir que de l'eau-de-vie qui sente le brûlé et l'empyreume à pleine gorge. C'est surtout pour les rafins que je me suis toujours servi, et avec succès, des mottes de marcs, quand elles sont bien faites et bien sèches ; car elles donnent une chaleur extrêmement uniforme, et lorsque vous avez pour base de votre feu une bûche un peu forte, entourée de ces mottes, que vous renouvelez de temps en temps, vous êtes à peu près sûr de ne jamais risquer, pour votre eau-de-vie, ce goût de brûlé qui est si désagréable, et que l'on rencontre malheureusement trop souvent dans les eaux-de-vie de pays.

Encore une fois, pour obtenir quelque chose de bon en alcool, comme en toute autre chose, il faut du soin, il faut du temps ; et quand je vous parle de renforcer vos vins avec de l'eau-de-vie, amis lecteurs, n'oubliez pas que je ne parle que de l'eau-de-vie de marcs ou de vin, telle qu'elle doit être faite, et non de la saleté comme on en vend tous les jours.

En terminant ces quelques pages, que je n'ai fait imprimer que pour rendre service, s'il m'est possible, aux producteurs comme aux consommateurs, encore une fois, je n'ai eu qu'un seul but, c'est de tâcher de montrer aux braves gens le parti qu'ils peuvent tirer des vins de notre belle province, qui arriveront, j'en suis sûr, avec le temps, à s'améliorer assez pour pouvoir se passer du concours toujours fatal de la spéculation, et qu'enfin, je pourrai bientôt quelquefois dire, je l'espère, en dégustant quelques bonnes bouteilles de vin de nos meilleurs crûs de Lorraine, dont on aura soigné convenablement la fabrication, ce vieux refrain, dont on est si fier à juste titre en Bourgogne, et qui commence ma brochure : *bonum vinum lœtificat cor hominum.*

www.ingramcontent.com/pod-product-compliance
Ingram Content Group UK Ltd.
Pitfield, Milton Keynes, MK11 3LW, UK
UKHW021655260726
13994UKWH00003B/1467